AF497984

LA

COMPAGNIE PARISIENNE DU GAZ

ET

LES INNOVATIONS ANNONCÉES

ÉTUDE

PUBLIÉE

Par le JOURNAL DES TRAVAUX PUBLICS.

PRIX: 1 FR.

EN VENTE:

AU BUREAU DU JOURNAL DES TRAVAUX PUBLICS,
13, RUE DE LA GRANGE-BATELIÈRE.

E. DENTU, Galerie d'Orléans, 17 et 19
(Palais-Royal).

CASTEL, Galerie de l'Horloge, 21
(Passage de l'Opéra).

DÉCEMBRE 1867.

PRÉFACE.

Le *Journal des Travaux publics* insérait dernièrement une Étude sur l'industrie du gaz et sur les innovations que l'on tente d'y introduire. Dans ce travail, nous nous sommes attaché à rechercher si les entreprises d'éclairage sont à la veille d'une crise, comme le prétendent ceux qui proposent des moyens nouveaux, et, à côté d'eux, la spéculation qui a greffé une opération sur l'émotion que devait produire, auprès des porteurs d'actions, l'annonce d'expériences publiques prochaines, autorisées par l'éminent administrateur de la Ville de Paris.

L'examen attentif et consciencieux des divers éléments connus de la question nous a démontré que ces essais, d'une réussite facile dans un cadre restreint, ne peuvent avoir de succès pratique ; que, par suite, leurs résultats ne menacent, en aucune façon, la prospérité des Sociétés qui, à l'exemple de la COMPAGNIE PARISIENNE, savent et peuvent développer leurs moyens de production, pour provoquer l'accroissement de la consommation et satisfaire à ses besoins.

Nous ne rejetons pas le progrès lorsqu'il se manifeste par des faits étudiés et d'une application industrielle sérieuse ; mais, dans le cas présent, nous nous sommes fait un devoir de réfuter un programme exagéré dans ses espérances, de dissiper les appréhensions de ceux qui ont leurs intérêts engagés dans les entreprises industrielles du genre de celle dont nous nous occupons particulièrement.

Notre étude sur la Compagnie Parisienne d'éclairage et de chauffage par le Gaz a rencontré de nombreuses approbations. Les numéros qui la contenaient sont épuisés. Aujourd'hui, pour répondre aux demandes qui nous sont adressées, nous détachons cette étude des colonnes du journal et nous la reproduisons sous forme de brochure.

Les expériences annoncées vont avoir lieu. Nous les suivrons très-attentivement et nous en rendrons compte, par devoir d'impartialité, par sympathie pour les auteurs, et parce qu'il s'agit d'une question scientifique qui intéresse une des grandes et belles industries modernes.

Le Directeur du Journal des Travaux publics,

Albert-J. NOUETTE-DELORME.

Paris, le 15 décembre 1867.

LA COMPAGNIE PARISIENNE

D'ÉCLAIRAGE & DE CHAUFFAGE

PAR LE GAZ

ET LES INNOVATIONS ANNONCÉES.

I.

Nous nous proposions, depuis quelque temps, d'esquisser une étude sur l'industrie de l'éclairage et du chauffage par le gaz, frappés de la bonne tenue que la très-grande majorité des entreprises de cette nature ont su conserver au sein de la crise qui sévit sur un grand nombre d'affaires industrielles où l'association des capitaux s'est engagée. Il nous semblait, en effet, qu'il était utile de montrer que la faveur dont les affaires de gaz ont continué de jouir est justifiée, dans la généralité des cas, et nous avions tout naturellement projeté de prendre, comme sujet particulier d'examen, la plus considérable des Sociétés françaises qui exploitent cette branche des services publics et de l'économie domestique, c'est-à-dire la Compagnie Parisienne d'éclairage et de chauffage par le Gaz.

Nous abordons aujourd'hui cette étude avec d'autant plus d'opportunité qu'il se fait autour de la question du gaz une agitation inusitée, dont la cause a été révélée, à ceux qui l'ignoraient, par un avis émané de la Compagnie Parisienne elle-même.

Le communiqué auquel nous faisons allusion ayant été inséré déjà dans ces colonnes, nous pourrions ne pas l'y reproduire ; néanmoins, comme il est utile de l'avoir sous les yeux, avant d'entrer dans l'examen dont nous allons nous occuper, rappelons la note de la Compagnie :

« Les actions de la Compagnie Parisienne du Gaz viennent
» d'éprouver une forte baisse, par suite de l'annonce de l'application
» tion prochaine d'un procédé pour la fabrication du gaz oxy-
» gène.

» Le gaz oxygène ne peut, en aucune façon, remplacer le gaz
» d'éclairage que fabrique la Compagnie Parisienne ; ses pro-
» priétés sont opposées : il n'est pas combustible, il est comburant ;
» en rendant la combustion du gaz d'éclairage plus vive, il en
» augmente le pouvoir éclairant.

» La fabrication très-économique du gaz oxygène réaliserait
» un grand progrès industriel, et l'un de ses premiers effets serait
» d'augmenter la consommation du gaz d'éclairage par l'indus-
» trie des métaux. »

Cette note a eu le tort d'en dire trop et de n'en pas dire assez sur les doutes qu'elle se proposait de dissiper. Expliquons notre pensée. — A l'égard d'une entreprise où de si grands intérêts sont engagés, avec la croyance qu'ils reposent sur un privilége exclusif, placé en dehors de la concurrence et de l'ingérence de toute entreprise de même nature, la Compagnie n'affirme pas suffisamment sa position pour ainsi dire inexpugnable. — A l'égard de l'emploi simultané de l'oxygène avec le gaz d'éclairage, pour en augmenter le pouvoir lumineux, la note nous semble, au contraire, trop affirmative, en ce sens qu'elle laisse supposer que le fait industriel est accompli, alors que les auteurs en sont encore à de simples essais, alors que la production économique de l'oxygène, les difficultés de sa transmission, les dangers de son emploi, les innombrables et très-dispendieux changements qu'il rendrait indispensables dans toutes les installations de la consommation se dressent aux yeux des hommes compétents, comme les premiers obstacles à surmonter, avant d'aborder les écueils de la question financière. Or, le capital montrerait inévitablement des exigences d'autant plus grandes qu'il cesserait de croire au prestige de ces entreprises réputées, jusqu'ici, et à bon droit, solides et prospères.

Afin de se rendre compte, avec quelque chance d'exactitude, de la puissance des moyens qu'il faudrait mettre en œuvre pour créer, à côté de l'industrie actuelle du gaz, nous ne dirons pas, une industrie rivale, mais simplement l'auxiliaire de la fabrication et de la distribution de l'oxygène, objet de l'agitation du jour, il n'y a rien de mieux à faire que de reconnaître les conditions présentes de ce qui existe, de se reporter en arrière et de mesurer la somme des efforts et des sacrifices qu'a exigés le développement incessant de la consommation.

Cette analyse, nous la ferons sommairement, en ce qui concerne la Compagnie Parisienne d'éclairage et de chauffage par le gaz, dont les documents statistiques sont consignés chaque année dans les rapports de l'administration aux assemblées générales des actionnaires.

II.

Depuis le jour où la Compagnie Parisienne s'est substituée
aux anciennes entreprises d'éclairage, il n'a été apporté que des
améliorations de détail dans les appareils et procédés de cette
industrie, ainsi que dans l'utilisation de ses résidus. La science
n'a produit aucune de ces découvertes qui amènent des trans-
formations radicales ; les frais de fabrication n'ont subi d'autres
réductions que celles qui résultent de l'accroissement de la
production, de l'ordre et de l'économie dans la marche des
usines.

Le gaz d'éclairage et de chauffage est donc fabriqué comme
par le passé, c'est-à-dire au moyen de la distillation de la houille
dans des cornues chauffées avec une portion de coke résultant de
cette distillation. Le gaz est ensuite lavé, épuré et emmagasiné
dans les gazomètres qui le livrent aux grandes artères de la
canalisation.

Or, quels sont les moyens de production qui furent livrés à la
Compagnie par les anciennes entreprises ? — Ils consistaient en
1,914 cornues et des gazomètres d'une capacité totale de
126,300 mètres cubes. La consommation n'était alors que de
40,774,400 mètres cubes.

Ç'est en présence de tels éléments que la Compagnie accepta

le traité du 23 juillet 1855, qui, avec les modifications du 25 janvier 1861, a mis à sa charge les sacrifices suivants :

1° La réduction de 25 p. 100 sur le prix du gaz livré aux particuliers, de 50 p. 100 sur celui consommé par la Ville et les établissements militaires ;

2° La suppression des trois usines existant dans l'intérieur de Paris, obligation qui réduisait à 1,227 le nombre des cornues provenant des anciennes Sociétés, à 78,966 mètres cubes la capacité des gazomètres conservés et forçait, par conséquent, la Compagnie à construire de nouvelles et vastes usines hors de la Ville ;

3° Le remaniement de la canalisation ;

4° L'impôt de 2 centimes par mètre cube de gaz consommé dans Paris ;

5° La location du sous-sol fixée à 200,000 fr. ;

6° Le partage des bénéfices nets au delà de 10 p. 100, à partir du 1er janvier 1872.

7° L'abandon à la Ville, au terme de la concession, de la propriété des tuyaux, robinets, siphons, valves, regards et autres accessoires, qui existeront alors sous les voies publiques, au prix à forfait de deux millions de francs, c'est-à-dire contre un paiement insignifiant par rapport à la valeur de cet immense matériel.

Evidemment, des charges aussi lourdes ne pouvaient être imposées à une entreprise privée qu'à la condition qu'elle trouverait la sécurité de ses travaux dans les cinquante années de sa concession ; qu'elle pourrait mettre en œuvre les moyens les plus puissants pour développer la consommation, faire face à tous les besoins, et réaliser, par des installations coûteuses, l'économie dans la production et la distribution du gaz.

Nous dirons bientôt comment elle a rempli son programme jusqu'à ce jour ; mais auparavant il convient de rappeler les clauses par lesquelles l'autorité prévoyante a réservé la question des progrès qui pourraient survenir dans l'éclairage public et privé.

Le cahier des charges s'exprime ainsi, à cet égard :

« Si, par suite du progrès de la science, l'Administration, de
» l'avis du Conseil municipal, jugeait convenable d'imposer à la
» Société l'emploi de procédés étrangers au système actuel de
» FABRICATION DU GAZ, celle-ci serait tenue de se conformer aux
» prescriptions de l'Administration.

» Dans le cas où l'emploi de ces nouveaux procédés aurait pour
» résultat un abaissement NOTABLE DANS LE PRIX DE REVIENT DU
» GAZ, la Société serait obligée de faire profiter l'éclairage public
» et particulier de cet abaissement de prix, dans les proportions
» déterminées par l'autorité administrative, toujours de l'avis du
» Conseil municipal.

» Il en serait de même pour le cas où, sans attendre l'inter-
» vention administrative, la Société aurait pris l'initiative de l'ap-
» plication de procédés nouveaux. »

Enfin, il y est dit encore ce qui suit :

« En cas de découverte d'un mode d'éclairage AUTRE QUE
» L'ÉCLAIRAGE PAR LE GAZ, l'Administration se réserve le droit
» de concéder toute autorisation nécessaire pour l'établissement
» du nouveau système d'éclairage, sans être tenue à aucune
» indemnité envers la Société. »

Plus tard, nous examinerons si les réserves qui précèdent trouveraient leur application dans le cas où l'emploi simultané du gaz hydrogène et de l'oxygène deviendrait pratique.

La Compagnie Parisienne a eu l'excellent esprit de juger que les réserves formulées dans les termes que nous venons de citer ne constituaient pour elle ni une menace ni un danger. Elle s'est mise bravement à l'œuvre ; les résultats ont justifié la sagesse de ses prévisions, quant aux ressources que lui réservait le développement de la consommation. Elle a fait de gigantesques travaux, qu'il est juste de rappeler, et dont l'Administration municipale de Paris peut s'énorgueillir, elle aussi, car ils ont concouru à cette merveilleuse transformation de la capitale que, seuls, quelques esprits, habitués à voir les choses en noir, critiquent comme tout changement, mais dont les salutaires effets profitent à toute la population, en même temps que sa splendeur attire chaque jour davantage l'affluence des étrangers et de la richesse.

En 1855, comme nous l'avons rappelé, la consommation du gaz dans Paris ne dépassait pas 40,774,400 mètres cubes. Il est intéressant de suivre le mouvement de sa progression annuelle, depuis cette époque jusqu'à la clôture du dernier exercice. Pour cela, il suffit de consulter le tableau suivant :

ANNÉES.	CONSOMMATIONS ANNUELLES.	AUGMENTATIONS ANNUELLES.
1855	40,774,400	
1856	47,335,475	6,561,075
1857	56,042,640	8,707,165
1858	62,159,300	6,116,660
1859	67,628,116	5,468,816
1860	75,518,922	7,890,806
1861	84,230,676	8,711,754
1862	93,076,220	8,856,744
1863	100,833,258	7,757,038
1864	109,610,003	8,776,745
1865	116,171,727	6,561,724
1866	122,334,605	6,162,878

Ce tableau démontre que, dans une période de onze années, l'augmentation totale de la consommation a été de 200 0/0, et l'augmentation moyenne annuelle de 7,400,000 mètres.

Pour ce qui est de l'exercice courant, il ne paraît pas qu'il doive démentir la progression, car les dix premiers mois de l'année, dont les recettes ont été publiées, accusent pour cette période une augmentation de 11 0/0 sur celles de la période correspondante pour 1866.

D'après les conventions établies avec l'Administration, les finances de la Ville de Paris ont été les premières à se ressentir des avantages de l'impulsion donnée par la Compagnie à la consommation du gaz. En effet, le nombre des becs publics, qui était de 13,917 au moment de la fusion des anciennes Sociétés, s'est élevé à 32.232, et l'on sait que par son contrat, la Compagnie ayant réduit de 50 0/0 le prix du gaz de l'éclairage public, la Ville a pu doubler le nombre des lanternes sans augmenter le chiffre de sa dépense. — En outre, le service de l'allumage, de l'extinction et de l'entretien des appareils, déduction faite de 4 centimes par appareil et par jour, laisse peser sur la Compagnie une dépense de plusieurs centaines de mille francs par année, qui est encore une épargne réalisée par les finances municipales.

Mais ce n'est là que le chapitre des économies ; il faut tenir compte aussi des recettes provenant de la location du sous-sol, de l'octroi sur le charbon ou du droit de 2 centimes par mètre cube de gaz. Ces recettes, pendant la période de onze années, que nous examinons, ont suivi une progression parallèle à la consommation, qui ressort des chiffres portés au tableau ci-après :

ANNÉES.	DROITS PAYÉS A LA VILLE.	ANNÉES.	DROITS PAYÉS A LA VILLE.
1856	1,040,106	*Report* . . .	7,474,373
1857	1,098,781	1862	1,768,719
1858	1,112,429	1863	1,923,561
1859	1,264,170	1864	2,113,543
1860	1,279,472	1865	2,225,222
1861	1,679,415	1866	2,348,655
A reporter . .	7,474,373	Total . . .	17,852,053

Les finances municipales ont donc encaissé, à titre de droits et loyers du sous-sol, dans les onze années d'exercice de la Compagnie Parisienne, la somme de 17,852,053 fr., soit en moyenne 1,622,914 fr. par année.

L'entreprise, de son côté, a réalisé des bénéfices importants qui ont permis de distribuer à ses actionnaires des dividendes annuels de fr. 40—45—50—60—70—70—85—95—105—105 et de 110 fr. pour l'exercice de l'année 1866, formant un total imposant de plus de 122 millions pour les onze années d'exploitation.

Mais à quel prix ce résultat merveilleux a-t-il pu être obtenu ? C'est le revers de la médaille, que ne sauraient trop examiner et méditer ceux qui songeraient à venir partager le terrain conquis par la Compagnie Parisienne.

Suivons donc, à son tour, l'augmentation incessante du capital qu'elle a immobilisé dans son entreprise gigantesque. La progression est traduite en chiffres éloquents dans le tableau ci-après :

ANNÉES.	CAPITAL IMMOBILISÉ.	ANNÉES.	CAPITAL IMMOBILISÉ.
1856 . . .	10,512,130	1862 . . .	89,081,361
1857 . . .	66,826,741	1863 . . .	95,982,482
1858 . . .	71,095,694	1864 . . .	102,528,792
1859 . . .	74,127,080	1865 . . .	108,666,862
1860 . . .	89,919,641	1866 . . .	114,953,551
1861 . . .	84,202,482		

En totalité, le capital engagé par la Compagnie Parisienne, au 31 décembre 1866, formait la somme de 117,701,511 fr., provenant :

Des 168,000 actions du fonds social 84,000,000

Du produit des obligations émises. 33,701,511

Total. 117,701,511

Avions-nous tort de dire que l'importance du capital indispensable, pour se mêler d'éclairer une ville comme Paris, constitue, par elle seule, une colossale objection contre toute entreprise ayant la velléité de créer une concurrence à celle qui occupe la place aussi bien par la puissance du fait qu'en force des traités.

III.

Nous sommes amené à aborder maintenant la question du jour : le projet d'éclairage par l'emploi simultané de l'hydrogène et de l'oxygène pur.

Fût-il mûr et complétement éprouvé, le procédé dont il s'agit ne nous semble pas de ceux qui ont été prévus par le traité entre l'Administration municipale et la Compagnie, comme pouvant être imposé à cette dernière.

L'oxygène n'est pas un gaz combustible et éclairant, c'est le gaz comburant, c'est l'agent de la combustion. Aujourd'hui même, si le gaz employé à l'éclairage et au chauffage brûle, chauffe et nous éclaire, c'est parce qu'il se combine avec l'oxygène qui existe, pour un cinquième, dans la composition de l'air.

La découverte qui va être prochainement essayée ne consiste donc pas *dans un mode d'éclairage autre que par le gaz*; elle n'est pas non plus *un procédé étranger au système actuel de fabrication du gaz, un procédé plus économique*; c'est simplement une méthode nouvelle pour brûler le gaz qu'on fabrique actuellement.—Mais comme cette méthode consiste dans l'emploi de l'oxygène pur, à la place de l'oxygène en mélange dans l'air, pour effectuer la combustion du gaz, on comprend que le point de départ de l'invention a dû être la recherche d'un moyen de produire l'oxygène à bon marché, puisqu'il s'agit de le substituer à celui de l'atmosphère qui, dans le système actuel de combustion, ne coûte rien du tout.

La première pensée de beaucoup de personnes sera certainement de se demander pourquoi l'on irait créer, à grandes distances, de vastes usines coûtant fort cher, et puis établir une seconde canalisation, dans le sol de nos villes, pour fabriquer et distribuer ce gaz oxygène que la nature a mis partout à la disposition de l'homme, dans l'inépuisable réservoir de l'atmosphère qui l'entoure. Mais en y réfléchissant, si l'on se reporte au souvenir de phénomènes depuis longtemps expérimentés et connus, on se rendra parfaitement compte du résultat que les inventeurs s'efforcent d'obtenir.

Si, au lieu d'alimenter une flamme avec de l'air où une partie d'oxygène se trouve délayée dans quatre parties d'azote, on fournissait à cette flamme de l'oxygène pur, dans la proportion exacte qu'exige une combustion complète, et dans toutes les conditions les plus convenables de pression, de division et de mélange, on devrait obtenir le maximum de chaleur et de lumière que la combinaison des éléments est susceptible de développer.

On en fait l'expérience dans les laboratoires de physique, en projetant de l'oxygène au centre d'un bec de gaz, et dans certains ateliers, en employant un instrument connu sous le nom de chalumeau à gaz. — L'effet voulu se réalise; on obtient une combustion concentrée, ardente et lumineuse.

Ce résultat, dont l'utilité peut bien se faire sentir dans divers travaux de l'industrie, ne nous paraît pas appelé à rendre les mêmes services dans l'éclairage.— Chacun a ressenti mainte fois les inconvénients d'une lumière vive, concentrée en un seul point, et dont la lumière électrique offre l'exemple le plus saisissant. — Dans la pratique, bien loin de rechercher ce genre d'effet, on s'efforce de diviser la lumière et de la tamiser par des verres et des globes dépolis.

Si, dans quelques cas, le gaz provenant de la distillation de certaines houilles ne possède pas le pouvoir éclairant qui est convenable, il est facile de le recarburer dans les appareils d'éclairage eux-mêmes, par l'addition de vapeurs d'hydrocarbures. Ce procédé, fort simple, communique au gaz le plus pauvre les propriétés du gaz dit riche, que l'on extrait des schistes, des résines et autres substances très-chargées d'hydrocarbures ; gaz que les compagnies n'emploient pas dans l'éclairage des villes, en raison des inconvénients qu'il présente, comme gaz courant, et aussi à cause du prix élevé des matières dont il deviendrait difficile de se procurer les quantités nécessaires.

Jusqu'ici nous nous sommes borné à examiner si la nécessité, l'utilité ou la convenance de l'emploi simultané de l'hydrogène carboné et de l'oxygène, sont suffisamment justifiées pour que l'on doive se préoccuper sérieusement de résoudre les problèmes que soulève ce système d'éclairage et de chauffage.

Disons maintenant quelques mots des difficultés à vaincre.

La première est évidemment, comme nous l'avons énoncé, la production de l'oxygène à bon marché.— On parle de faire usage, pour sa fabrication, du permanganate de soude, qui, chauffé et soumis à l'action de la vapeur, dégage son oxygène, et rendu à lui-même, reprend dans l'atmosphère l'élément qu'il a perdu, pour subir une série indéfinie d'opérations semblables.— Par ce moyen, le mètre cube d'oxygène reviendrait, dit-on, à 50 ou 60 cent., sur le lieu de fabrication. — Ce prix devra subir une augmentation importante pour la consommation, comme nous l'expliquerons bientôt.

La deuxième difficulté à surmonter gît dans l'étendue et l'importance des usines qu'il faudrait établir pour satisfaire aux besoins d'éclairage et de chauffage, de Paris, par exemple. Cette difficulté, en effet, résulte de ce que chaque cornue ne permet de fabriquer qu'une quantité minime d'oxygène, comparée aux 200 mètres cubes de gaz que fournit, à peu près, chaque cornue employée par la Compagnie Parisienne à la distillation de la houille.

On dit que le volume d'oxygène qu'il faudrait produire serait d'environ le quart du gaz hydrogène carboné à brûler, c'est-à-dire qu'il faudrait 5 à 6 cornues à oxygène contre une cornue à hydrogène. Or, la puissance de production des usines qui éclairent la capitale est de 660,000 mètres par jour, ce qui correspondrait à 165,000 mètres d'oxygène, c'est-à-dire à la production de 19,000 cornues! On se fait une idée de l'immensité des usines qu'il faudrait établir, pour cette nouvelle fabrication, lorsque l'on sait que toutes les usines exploitées par la Société Parisienne réunissent à peine 3,600 cornues.

Il est vrai que les novateurs prétendent qu'ils réduiront la consommation dans une mesure considérable ; mais nous montrerons, de notre côté, que cette réduction ne pourrait être réalisée que dans quelques cas rares et exceptionnels, où l'on dépense une grande quantité de gaz sur un seul point, par exemple un foyer d'opération métallurgique, tandis qu'elle est irréalisable dans la généralité des cas, notamment dans les appareils d'éclairage.

Mais ce n'est pas tout que d'arriver à produire de l'oxygène à bon marché, et en grandes quantités ; il faut le faire parvenir aux innombrables brûleurs qui consomment le gaz hydrogène carboné.—Et disons, tout d'abord, qu'il est impossible de se servir des mêmes tuyaux qui conduisent ce dernier, car les deux éléments réunis ensemble constituent le plus dangereux des mélanges détonnants dont on connaît les effets destructeurs par les accidents que produisent les fuites et par les effroyables catastrophes dont les mines de houille sont trop fréquemment le théâtre.

Il faudrait donc établir une canalisation spéciale et complète pour la distribution de l'oxygène. Or, c'est là une opération délicate et très-considérable, car, sans parler du droit exclusif que possède la Compagnie Parisienne, comme le possèdent toutes les compagnies qui éclairent les autres villes, il faut considérer qu'il s'agirait de poser environ 1,300 kilomètres de tuyaux, et de les poser avec encore plus de précision que ceux qui distribuent le gaz d'éclairage, puisque l'oxygène ayant trois ou quatre fois plus de valeur, sous un même volume, les fuites occasionneraient des pertes beaucoup plus sérieuses.

Nous ne nous arrêterons pas à l'idée de faire transporter à domicile des cylindres chargés d'oxygène, comme on le fait pour le gaz d'éclairage comprimé. C'est là un moyen utilisable dans des cas exceptionnels, mais qui devient absolument inapplicable lorsqu'il s'agit de l'éclairage et du chauffage de toute une immense ville.

Une autre difficulté très-grave se présente encore : le mélange des deux gaz devant être effectué au point même de la combustion, il faudrait remanier toute la tuyauterie de chaque consommateur, doubler par conséquent le nombre des compteurs, changer tous les appareils d'éclairage, et enfin trouver un brûleur convenable pour remplacer les becs actuellement en usage, qui ne permettraient pas de remplir le programme formulé par les inventeurs, les conditions dans lesquelles la combustion doit s'opérer n'étant pas comparables. — Ce renouvellement complet des installations et des appareils occasionnerait, à lui seul, des dépenses si considérables pour les consommateurs qu'elles compenseraient, pendant longtemps, et même au-delà, l'économie que leur permettrait le système, d'autant plus que les petits becs sont ceux dont l'usage est le plus général, en raison de ce qu'avec une quantité déterminée de gaz ils permettent de répandre plus uniformément la lumière dans toutes les parties d'un local à éclairer.

Mais l'économie annoncée est-elle si démontrée qu'il soit prudent d'y compter? C'est le dernier point que nous ayons à examiner avant de conclure.

On parle d'employer l'oxygène en le combinant avec le gaz d'éclairage dans des proportions telles qu'elles augmentent de 6 à 8 fois l'intensité lumineuse de ce dernier. Voyons si cela pourra être, et si étant, il en résultera vraiment une économie telle qu'il faille adopter incontinent le nouveau système d'éclairage et de chauffage.

Pour brûler un kilogramme de bonne houille, il faut théoriquement 8,250 litres d'air atmosphérique ou 1,732 litres d'oxygène ; c'est dire que pour brûler une tonne de houille ayant la valeur de 30 fr., il faudrait consommer 1,732 mètres cubes d'oxygène, qui, en admettant le prix de 60 c. par mètre, coûteraient 1,039 fr. Nous nous demandons quel serait l'industriel qui consentirait à la dépense de 1,039 fr. pour brûler 30 fr. de charbon, et même 866 fr. si l'on admet le prix de revient de 50 cent.

Cependant, si le principe sur lequel repose l'innovation proposée, si ce principe est vrai, son application à la combustion de la houille est aussi logique que celle proposée pour le gaz.

Pour brûler un mètre cube de gaz d'éclairage, il faut, théoriquement, et en moyenne, 16 mètres cubes d'air atmosphérique, ou bien 3,360 litres d'oxygène à 60 c. Donc pour brûler un volume de gaz valant 30 centimes, la dépense serait de 2 fr. d'oxygène ; et comme le rapport de 30 centimes à 2 fr. est 1/7, il faudrait que l'emploi de l'oxygène, pour une même consommation de gaz, produisît sept fois plus de lumière, pour que la dépense restât la même. Dans ce cas, au lieu de brûler 1 mètre ou 1,000 litres de gaz à l'air libre, on brûlerait 143 litres de gaz alimenté par l'oxygène pur, avec tous les inconvénients et les dangers que nous avons signalés, et on n'aurait point réalisé d'économie.

Mais nous ne croyons pas même à ce résultat, et voici pourquoi : la quantité de lumière projetée par un bec est proportionnelle à l'étendue de la surface de la flamme de ce bec, pour une intensité lumineuse égale. Or, si l'on fait usage d'oxygène, l'intensité sera certainement beaucoup plus grande ; mais la combustion étant bien plus active, la surface de la flamme sera considérablement réduite, pour une même quantité de gaz brûlé dans un même temps. La réduction de surface de la flamme peut être évaluée au quart ; mais si l'on est obligé d'abaisser à un septième la consommation de gaz, pour ne pas changer la dépense d'un bec à l'heure, on n'aura plus qu'une surface de $1/4 \times 1/7$, soit $1/28$. Il faudrait donc une intensité lumineuse 28 fois plus grande, à égalité de surface éclairante, pour que le prix de revient restât le même dans les deux cas.

Aussi les auteurs cherchent-ils à tourner la difficulté en plaçant, au sein de la flamme, un corps solide susceptible de devenir incandescent, la magnésie, par exemple. — Mais cet expédient n'est pas nouveau non plus. Il a été mis à l'épreuve déjà bien des fois, sans devenir pratique, et il suffit de rappeler les becs à mousse et à fils de platine, qui furent employés dans les essais d'éclairage au gaz hydrogène produit par la décomposition de l'eau.

Par conséquent, tant que l'emploi de l'oxygène ne produira pas au moins, pour une surface de flamme donnée, vingt-huit fois plus de lumière que celle produite par la même étendue de flamme brûlant à l'air libre, cet emploi de l'oxygène à 60 centimes le mètre cube ne pourra être qu'une source de perte d'argent pour ceux qui en feront usage, en dehors de tous les inconvénients qu'il présente.

On remarquera que nous avons raisonné en acceptant l'hypothèse du prix de revient de l'oxygène à 50 ou 60 centimes; mais alors même qu'elle se vérifierait, il scrait encore impossible de calculer sur un prix de vente égal au prix de revient.

Ne faut-il pas, en effet, tenir compte du bénéfice que l'industrie nouvelle voudra réaliser ? Ne faut-il pas ajouter les frais de la distribution, l'entretien de la canalisation, l'intérêt et l'amortissement du capital qu'elle représente ? Et la Ville de Paris, ne faut-il pas aussi faire son compte ? Elle perçoit un droit de 2 centimes sur chaque mètre cube de gaz qui se consomme, et ces 2 centimes font des millions au bout de l'année. Par conséquent, si l'oxygène distribué devait finir par réduire au septième la quantité de gaz brûlé, il faudrait, pour sauvegarder l'intérêt des finances municipales, que le droit sur l'oxygène fût sept fois plus fort que celui sur le gaz ordinaire.

Sans aller aussi loin, et quels que soient les termes du rapport suivant lequel on voudrait faire intervenir l'oxygène dans la combustion, il conviendrait toujours d'appliquer à celui-ci un droit équivalent à la somme que la Ville perdrait par la réduction de la consommation du gaz.

En tenant compte de tous ces éléments, il semble difficile que le prix de vente de l'oxygène puisse être de beaucoup inférieur à 1 fr. par mètre cube ; et alors apparaît toute l'impossibilité du système nouveau, dans les conditions présentes de cette industrie.

IV.

La Compagnie Parisienne d'éclairage et de chauffage par le
gaz, nous en avons acquis la conviction par l'étude dont nous
venons de donner un résumé, possède donc une position que rien
ne menace, quant à présent, et qui n'a rien à appréhender du
résultat des essais qui vont avoir lieu.

Ces essais, l'Administration municipale, qui est la gardienne
vigilante des intérêts de la Ville de Paris et du public consommateur, avait le devoir de les accueillir, de les favoriser, au be-
soin même de les provoquer ; cela résulte de sa mission et des
droits qu'elle a conservés, par son traité avec la Compagnie.

Celle-ci, de son côté, a le devoir de rechercher tout progrès
de son industrie, par l'amélioration des procédés de fabrication
et le perfectionnement du matériel d'application. Elle n'y fait
pas défaut ; elle a monté, à cet effet, un laboratoire d'expé-
rimentation dans sa grande usine de la Villette ; elle s'est assuré
les conseils des savants les plus haut placés dans le monde scientifique ; elle accueille avec bienveillance toutes les communications
qui ont rapport à des recherches sur les problèmes touchant
l'éclairage et le chauffage par le gaz, et elle s'empresse de les
contrôler.

Enfin le moment approche où la Ville de Paris viendra prendre sa part dans la riche moisson des bénéfices que l'augmentation incessante de l'emploi du gaz assure à cette grande entreprise, indépendamment des perceptions que les finances municipales exercent déjà sur ces produits.

Sous cette nouvelle forme, c'est encore le public qui profitera de la prospérité de la Compagnie, puisque toutes les ressources dont l'Administration de Paris dispose sont appliquées à l'amélioration et à l'embellissement de la capitale, à l'hygiène et au confortable de ses habitants.

Ce sera sans doute le moment de faire subir aux tarifs une réduction équitable, car elle ne portera pas atteinte aux droits résultant des traités. La Ville de Paris, en effet, pourra, en toute légalité, convertir sa part des bénéfices en un abaissement du prix de vente du gaz, et faire ainsi profiter les consommateurs d'une économie que l'Administration leur aura ménagée par la sagesse des contrats.

E. PELARD, Ingénieur civil.

Paris — Imprimerie française et anglaise de E Brère, rue Saint-Honoré, 257.